VEUVE PIERREL

Hérésie Scientifique

LA TERRE NE TOURNE PAS AUTOUR DU SOLEIL

LIBELLIO

LIBELLIO ® 2019

www.editionslibellio.com

Couverture : LIBELLIO

Dépôt légal : 2019

Table des matières

Je dédie cet ouvrage à mes enfants et petits-enfants, qui ont l'avenir devant eux. Ce sera leur héritage.

PRÉFACE

Mon grand âge, joint à l'état précaire de ma santé, me fait pressentir une fin peu éloignée. J'aurai la tristesse de laisser mon œuvre inachevée. Vingt-six ans passés d'efforts et de travaux incessants n'ont pu arracher mes contemporains à leurs croyances stupides et ridicules relatives au Système de Copernic.

La France, ma patrie désemparée, meurtrie, anémiée par les blessures de la grande guerre, en proie à la violence des passions qui la divisent, toute à la convoitise des seules jouissances matérielles, est incapable dans l'état d'esprit actuel, de se livrer à l'étude des hautes questions scientifiques et philosophiques.

C'est donc avec un profond découragement que je livre une dernière fois ma découverte astronomique aux capricieux et problématiques hasards de la destinée des choses de ce monde.

Je la place sous la sauvegarde des savants indépendants, des hommes d'élite qui pourront la comprendre, et qui auront l'autorité nécessaire pour l'imposer aux générations futures, quand ils en auront reconnu la véracité.

Cluny, le 1er Août 1926

Vve PIERREL.

autour du soleil

PREMIÈRE PARTIE

Avant de faire à nouveau l'historique de ma découverte astronomique, je tiens à récapituler d'une façon succincte les lignes sur lesquelles je m'appuie pour combattre le Système de Copernic. Ces lignes, je les ai déjà signalées dans mes précédents ouvrages ; mais je tiens, en l'occurrence, à les faire suivre d'un schéma explicatif, que la mauvaise volonté des astronomes m'a empêchée de soumettre à leur appréciation, malgré mes instances réitérées. Ils savent pertinemment que le Système de Copernic est erroné, qu'il fait à la science des accrocs formidables ; mais du moment qu'ils sont payés grassement pour enseigner une erreur officielle que tout le monde accepte aveuglement, sans l'approfondir, ils ne sacrifieront jamais leurs intérêts particuliers à l'intérêt général de la science. Ils auraient cependant plus de mérite à reconnaître l'erreur qu'à la propager sachant qu'elle existe, et ils le savent ; l'attitude étrange qu'ils ont vis-à-vis de moi le prouve surabondamment par leur manière inqualifiable de se dérober systématiquement à toutes mes interpellations.

Je ne m'adresserai donc plus désormais à ces prétendus princes de la science astronomique, qui ne sont pas autre chose que des mystificateurs autorisés ; mais aux savants analystes, aux penseurs, aux hommes sensés, dont l'esprit ne se nourrit pas de légendes surannées ni de contes bleus, pour leur expliquer les mouvements planétaires que nous observons, qui ne sont qu'apparents, et qui peuvent s'effectuer sans que la terre quitte le point de l'espace qu'elle occupe de toute éternité.

Commençons par admettre l'hypothèse que tous les soleils formant la composition de l'Univers ne sont pas autre chose que des accumulateurs d'une puissance formidable, qui prennent leur force au foyer d'énergie qui régit tous les mondes ; il faut nous persuader que les planètes sont leurs résultantes, et que tous, les éléments qui les constituent émanent de ces astres créateurs qui les tiennent au bout de leurs rayons. L'électricité avec laquelle ils ne cessent de les charger, de les influencer, en passant continuellement de la positive à la négative, sans jamais se neutraliser, leur imprime ce mouvement circulaire qui les retient éternellement au même point de l'espace. Comme ces soleils reçoivent autant qu'ils donnent, ils ne peuvent ni augmenter ni diminuer, et entretiennent ainsi le mouvement perpétuel du rouage universel, qui engendre toutes les manifestations physiques qui en sont la conséquence. C'est le manque d'équilibre dans la nature qui modifie les éléments, fluides impondérables, et en fait la matière, dont, l'évolution constante détermine toutes les forces, toutes les énergies ; avec l'équilibre parfait, ce serait le néant dans le calme éternel.

L'auteur de la Genèse l'avait fort bien compris quand il écrivait que, de rien, Dieu a fait toutes choses. Mais quelle est donc cette puissance occulte dont le pouvoir magique a déclenché le mouvement et rompu l'équilibre ? Dans quel but et pour quelles fins ? Nul ne le saura jamais, le fini ne pouvant pénétrer l'infini ! Et puisque c'est le mouvement qui donne et entretient la vie universelle, comment se fait-il sur la terre que nous habitons, et quels effets de perspective donne-t-il à ses habitants ? C'est ce que je vais essayer de démontrer.

On m'a dit souvent : *« Les calculs astronomiques sont exacts ; donc, sans nul doute, le système est bon. »* Mais c'est une grave erreur ! en mathématiques, il est des cas où le vrai dérive du faux. Toutes les données astronomiques sont basées sur des mouvements apparents, que l'on a pris pour des mouvements réels ; c'est donc bien le faux qui a donné l'illusion du vrai. Les Anciens faisaient tourner le soleil et les planètes autour de la terre, les Modernes font tourner les planètes et la terre autour du soleil ; en intervertissant l'ordre des facteurs, on n'a rien changé au produit, les deux systèmes sont aussi faux l'un que l'autre ; il faut, que les mouvements apparents que nous observons, et qui ont servi de base aux calculs astronomiques, proviennent de lignes géométriques que la logique et le bon sens puissent accepter. Ces lignes, je les ai découvertes ; elles sont explicites, rationnelles, et aussi simples que la vérité dont elles sont la fidèle expression ; elles ne laissent aucune perplexité dans l'esprit, et produisent bien tous les phénomènes que nous observons, et qui ne sauraient exister avec le Système de Copernic. Ce système, d'un illogisme sans nom, n'est qu'un tissu d'erreurs et d'absurdités, une vaste fantasmagorie, qui porte atteinte aux lois les plus rigoureuses des sciences physiques et naturelles. Son auteur l'avait si bien compris, que ce n'est qu'à la fin de sa vie qu'il se décida à le livrer à la publicité. En effet, abstraction faite de la question religieuse, ce système fut vivement combattu au temps jadis par les hommes de savoir qui en ont reconnu toutes les défectuosités ; mais, comme d'après les nouvelles données de la science, il fallait absolument renverser le Système de Ptolémée et travailler à un nouvel échafaudage astronomique, la science officielle en fit son profit, malgré les dénégations de quelques savants astronomes qui, bien timidement, car ils savaient pertinemment qu'ils n'étaient pas encore dans le vrai, ont établi des systèmes contradictoires, ne pouvant accepter les données par trop invraisemblables de l'astronome polonais. Tous ces nouveaux systèmes furent à juste titre abandonnés ; la confiance que de tout temps l'on a accordé à la science officielle qui, cependant, est loin d'être infaillible, l'expérience le démontre chaque jour, scella celui de Copernic, qui prévalut sur tous les autres. Aujourd'hui, on ne prend même plus la peine de le discuter. Et si vous ajoutez à cela la routine et les préjugés, qui sont les plus grands antagonistes du progrès, vous comprendrez sans peine que nos astronomes ont beau jeu pour se livrer à leurs élucubrations fantaisistes ; et j'avoue franchement qu'ils savent très intelligemment en tirer profit.

Mon but en écrivant ce petit opuscule, n'est pas seulement de signaler l'erreur ; d'autres, plus autorisés l'ayant fait avant moi ; mais de démontrer le véritable mouvement de notre planète, celui qui provoque les cercles illusoires des astres placés à proximité de la terre, et que l'on a confondus avec des cercles réels ; car il est inadmissible que des corps solides comme la terre et les autres planètes, puissent faire ces randonnées extraordinaires à travers les espaces incommensurables sans que leurs éléments n'en soient modifiés ni le rayon visuel de leurs habitants affectés par ces distances prodigieuses. Et je ne parle pas des effets désastreux de la force centrifuge qui, avec de semblables vitesses rotatoires, auraient désagrégé tous les astres depuis longtemps, de sorte que l'Univers entier ne serait plus qu'un monceau de poussière.

Copernic nous dit : « *La terre tourne autour de la ligne des pôles ou axe du monde, sur laquelle elle est inclinée, en un jour de vingt-quatre heures, et autour de cette ligne, en une année de 365 jours 1/4, en formant une ellipse autour du soleil.* »

Commençons par démontrer l'impossibilité de ce second mouvement rotatoire. Si la terre tournait autour du soleil, en continuant de tourner chaque jour autour de l'axe du monde qui passe par son centre et qu'elle ne quitte jamais, il faudrait qu'elle entraînât avec elle toute la sphère céleste qui l'environne ; et comme d'après les lois de la gravitation universelle, inventées par Newton pour la circonstance, le soleil tourne lui-même autour d'un autre soleil, avec la rapidité de plusieurs kilomètres à la seconde, vous voyez la course vertigineuse de notre ciel, des planètes, toutes placées sur des plans différents, de la terre et de la lune qui la suit en tournant autour d'elle, et par conséquent autour du soleil, tout ceci est insensé, et aussi colossal d'invraisemblance que le ciel tournant réellement autour de la terre immobile dans le Système de Ptolémée, et point n'était besoin de le renverser ; ou alors il faudrait admettre qu'il n'y a ni temps ni espace ; pourtant le temps est la mesure de l'évolution plus ou moins lente de la matière ; et l'espace la distance de deux corps matériels qui ne peuvent pas se confondre ; donc, si on nie le temps et l'espace, il faut nier l'existence de la matière ; et tout ce que nos yeux perçoivent ne serait que rêves et illusions ; mais alors, nous-mêmes qui pensons, jugeons et nous déterminons librement, que serions-nous donc ?...Pourtant nous avons bien la prescience que chacun de nous est une pièce indispensable à l'engrenage de cet Univers dont le formidable mécanisme est composé d'individualités entièrement indépendantes les unes des autres, qui évoluent toutes différemment, et auxquelles sont subordonnés le temps et l'espace.

Remarquez encore que si un atome comme la terre se lançait dans les régions interplanétaires supposées, il lui faudrait, pour se frayer un passage, rompre à lui seul, toutes les forces de la nature qui le cernent de toutes parts, ou avoir son chemin ouvert à l'avance, ce qui n'est pas admissible ; et puis, dans cette course effrénée sa trajectoire subirait des perturbations sans nombre, provoquées par l'attraction des autres corps célestes à proximité desquels elle passerait, ce qui forcément la ferait dévier ; elle formerait à chaque tour un nouveau cercle, tels les fils d'un peloton enroulés autour d'un même axe, ce qui nous donnerait chaque année un écliptique différent comme mouvement apparent du soleil autour de la terre. Il faut donc absolument abandonner l'hypothèse d'un cercle réel de la terre autour du soleil, et trouver les lignes qui puissent confirmer le mouvement apparent de cet astre autour de notre planète et son déplacement dans les constellations, sans que celle-ci quitte le point de l'espace qu'elle occupe de toute éternité. Je vais donner la seule définition qui devienne plausible, par le fait qu'elle résout le problème d'une façon indéniable. Point n'est besoin pour cela de mettre le ciel en équation et d'employer toutes ces formules géométriques qui donnent le change aux profanes, et ne servent qu'à déguiser la vérité ; l'observation seule suffit. Tout est simple dans la nature ; et c'est en cherchant des complications que les hommes se sont égarés.

Il ne faut pas confondre l'axe du monde avec l'axe de la terre ; ce sont deux axes différents. (Voir mon schéma et sa définition). C'est donc une grave erreur de les confondre comme le font les Coperniciens ; et par conséquent de leur donner le même pôle. Puisque la terre est inclinée sur l'axe du monde, et forme avec ce dernier un angle de 23° 27′ de chaque côté de l'équateur céleste, l'axe du monde ne peut donc pas passer par les pôles de la terre ; il en est toujours éloigné de la valeur de cet angle. Sur une sphère quelconque, on peut prendre l'équateur où l'on veut, et les pôles sous un angle de 90° ; mais sur la sphère terrestre, c'est le soleil qui nous guide ; et puisqu'il ne dépasse pas les lignes tropicales du Cancer et du Capricorne, qui forment deux secteurs opposés de chaque côté de l'équateur céleste, le Cancer pour le Nord, et le Capricorne pour le Sud, c'est que, dans la nature, l'astre du jour est au Cancer ou au Capricorne ; moi, je le place au Cancer, pour la raison que le pôle nord est plus avantagé que le pôle sud, qu'il est plus chaud, qu'il a plus de lumière, plus de vie, les radiations solaires étant plus intenses au nord qu'au sud par la position du soleil sur l'axe du monde. Cette particularité ne pourrait s'expliquer si cet astre était à l'équateur céleste.

La terre étant inclinée sur l'axe du monde, son axe, à elle, est une sécante qui rencontre ledit axe au centre de l'écliptique, qui est en sens inverse la reproduction exacte de l'équateur terrestre, et qui marque dans une année la ligne d'horizon sur le ciel des étoiles fixes. Et, en effet, c'est bien la ligne que le soleil semble parcourir en un an, qu'il ne quitte jamais, et qui coupe l'équateur céleste en formant de chaque côté un angle de 23° 27′. C'est donc sur cette ligne, et non à l'équateur céleste, que les Coperniciens confondent avec l'équateur terrestre, qu'il faut placer 0°, et construire tous les parallèles d'après cette base jusqu'aux pôles terrestres qui, géographiquement parlant, né sont pas a leur place. Il faut toujours, et en toutes saisons, les prendre à 90° du point où le soleil se lève à l'écliptique, au nord comme au sud ; on les cherchera toujours en vain avec le Système de Copernic. C'est seulement avec la mesurabilité de l'écliptique, qu'il faut considérer comme le plus grand parallèle et qui est partout explorable, que nous aurons réellement la circonférence de la terre, et non en mesurant un arcle de cercle du méridien avec la hauteur d'un pôle qui est inconnu, aussi les 40 000 km de circonférence que l'on donne à notre globe sont bien problématiques. Il y aurait un moyen très simple et infaillible de trouver cette circonférence, ce serait aux équinoxes, quand toutes les coordonnées terrestres et célestes sont sur le même plan de prendre deux levers de soleil à dix minutes d'intervalle et avec le nombre de kilomètres que l'astre aurait parcouru en apparence en ce laps de temps, établir la proportion suivante : $\frac{N\,x\,1436}{10}=x$ puisque la terre fait le tour de l'axe du monde en 23 h 56 m ou 1436 minutes. Les calculs ne pourraient pas être plus exacts, puisqu'ils seraient donnés par le soleil lui-même. Avec la télégraphie sans fil les renseignements parviendraient instantanément, ce qui est indispensable.

Il faut considérer que c'est la position du soleil à 23° 27′ de l'équateur céleste qui provoque l'inclinaison de la terre sur l'axe du monde, par l'attraction que cet astre exerce sur toutes les parties de sa surface, qu'il éclaire toujours de 180°, jamais plus, jamais moins ; mais ces 180°, excepté aux équinoxes où toutes les coordonnées sont sur le même plan, se répartissent tous les jours inégalement sur chaque hémisphère en raison de l'avance de 4′ que prend la terre quotidiennement, en tournant de l'ouest à l'est sur un plan incliné, autour du même point central, ce qui change continuellement la position de tous ses secteurs par rapport au soleil, et par conséquent du soleil par rapport à la terre tandis que le soleil était à l'équateur céleste, parallèle à l'équateur terrestre, la terre n'aurait pas d'inclinaison sur l'axe du monde ; les jours seraient en tout temps égaux aux nuits pour les deux hémisphères, et les saisons identiques pour tous les lieux placés dans les mêmes parallèles, au nord comme au sud ; tout le ciel, en général, ne serait soumis qu'à la rotation diurne ; il n'y aurait de cycles planétaires, pas d'écliptique, parce que, dans cette position des deux équateurs parallèles, les effets de perspective qui ont faussé notre jugement ne se produiraient pas ; nous verrions chaque jour le soleil, la lune et les planètes se lever dans les mêmes constellations ; tandis qu'au lieu de cela, nous voyons à chaque tour une déviation par rapport au soleil, et le même phénomène se produit pour la lune et les planètes, ainsi que pour certaines étoiles très rapprochées de la terre, qui paraissent faire des petits cercles autour d'autres plus éloignées, que nous prenons pour leurs satellites ; d'où l'hypothèse que la terre, par son inclinaison 23° 27′ sur l'axe du monde, autour duquel elle tourne en 23 h 56 m, et par l'avance de 4′ qu'elle prend chaque jour sur ce cercle, fait tracer à tous les astres placés dans le plan incliné de son équateur, c'est-à-dire dans la bande zodiacale, des cercles apparents, que l'on a pris pour des cercles réels ; la durée des cycles est proportionnée à la distance où ces astres se trouvent de la terre. Pour notre planète, le cercle annuel n'est pas autre chose que la reproduction exacte du cercle quotidien, provoqué par l'avance de 4′ que la terre prend chaque jour sur ce cercle autour du même point central où a lieu la rencontre des deux axes ; elle fait donc, en raison de cette avance, 366 fois le tour de l'axe, alors qu'il n'y a eu que 365 jours 1/4 de 24 heures, ce qui donne une année bissextile tous les quatre ans. C'est ce tour supplémentaire, qui se fait chaque jour pour sa 365e partie 1/4 de connexion avec la rotation diurne, et qu'indique l'horloge sidérale qui est à l'observatoire de Paris, qui fait tracer au soleil le cercle apparent de l'écliptique. C'est cette complexité circulaire au même point de l'espace qui a trompé Copernic, et lui a fait imagier ce grand cercle illusoire autour du soleil, cercle que le bon sens ne peut admettre et qui ne produirait aucun des phénomènes que nous observons. L'addition tous les quatre ans d'un jour supplémentaire ne donne pas encore une précision chronométrique ; la différence ne serait-elle que de quelques secondes, voire de quelques tierces, il arrive qu'au bout d'un certain nombre de milliers de siècles, toutes les zones tropicales, tempérées et glaciales se sont substituées les unes aux autres ; nous en avons la preuve dans la découverte des fossiles des temps préhistorique, qui ne se rapportent pas du tout à l'état climatique des zones où ils se trouvent actuellement.

Il ne faut pas envisager le ciel avec ses espaces incommensurables ; mais comme il se présente à notre rayon visuel. Puisque nous sommes les habitants de la terre et que nous tournons avec elle, c'est cette planète qui est notre point d'observation, et que nous devons prendre pour le centre de notre monde visible. L'espace s'amoindrit pour notre œil avec les distances ; les étoiles sont bien moins éloignées qu'on nous les représente, et la voûte céleste que nous connaissons est uniquement celle qui entoure la terre, vue du point central que nous occupons, et non celle que nous verrions si nous étions sur le soleil ou à deux fois la distance qui nous éloigne. Il faut, avant tout, compter sur notre rayon visuel qui, même avec les plus forts télescopes, a une portée très restreinte. Et puis, si la terre faisait dans le ciel la randonnée que l'on suppose, son cercle quotidien et son cercle annuel seraient excentriques ; l'espace s'élargissant pour notre œil au fur et à mesure que nous avancerions sur l'orbite qu'elle décrirait autour du soleil, nous verrions l'astre du jour de déplacer dans un zodiaque qui n'aurait aucun rapport avec celui que nous connaissons ; il tracerait son cercle annuel dans des constellations qui nous seront à jamais inconnues. Nous avons la preuve de ce que j'avance dans l'énorme diminution du globe solaire, que l'on nous représente 1 300 000 fois plus gros que la terre. Qu'est donc devenu l'espace qui le renferme en réalité ?...Et c'est dans cet espace que nous irions nous promener sans que nos horizons ne soient modifiés en aucune façon ? Quelles aberrations de l'esprit ! Quel formidable accro aux lois de l'optique ! Et je vous demande quelle attraction cet astre pourrait avoir sur les planètes à six, huit, dix fois et plus de distance que celle qui nous en sépare, et sous quel volume les habitants de ces planètes pourraient l'apercevoir ? Puis, comment, et en vertu de quelle loi de la vision nous pourrions suivre leurs orbes immenses s'ils étaient réels, alors que l'on nous dit que l'orbe décrite par le soleil n'est qu'apparente en raison de sa distance ? Voilà encore une étrange et inexplicable contradiction sur laquelle je voudrais bien que messieurs les astronomes puissent nous renseigner. Même si la ligne des pôles, qui passe par le centre de la terre, était entraînée avec elle dans sa translation autour du soleil, ce qui n'est pas possible, comment expliquer le mouvement circulaire des autres planètes autour de cette ligne et de l'astre du jour ? Et puis si le soleil tournait lui-même autour d'un autre soleil et cet autre autour d'un troisième, et ainsi de suite, pour se conformer aux lois de la gravitation universelle telles que les ont imaginées des hommes dont le nom a fait époque, et qui se sont créé, à bon compte, des réputations si glorieuses, en exploitant la crédulité la confiance ou l'ignorance de leurs semblables, vous voyez dans quel dédale d'erreurs et d'extravagances monstrueuses nous serions entraînés ; puis dans cette succession ininterrompue de tournoiements, il se produirait des déformations dans les constellations ; tandis que, depuis l'origine de la science astronomique, c'est toujours la même configuration du ciel qui se présente à nos yeux ; c'est bien une preuve irréfutable que la terre, pas plus que les autres corps célestes, ne quitte jamais son poste d'origine, et que ce sont toujours les mêmes astres qui passent par tous ses rayons, non avec leurs distances et leurs volumes réels, qu'il nous est impossible d'évaluer numériquement, si loin que nous sommes, mais avec leurs distances et leurs volumes apparents, vus de la terre.

Il est parfaitement démontré, et absolument exact que notre planète en l'espace de 23 h 56 m tourne simultanément sur elle-même de l'ouest à l'est, et autour d'un point immobile, ou plutôt d'une ligne imaginaire, mais qui existe en réalité, et que nous appelons axe du monde ou ligne des pôles. Cette ligne, qui passe par son centre, aboutit aux deux polaires, celle du nord et celle du sud ; c'est elle qui partage en deux parties égales la sphère céleste que nous connaissons, de laquelle nous ne sortirons jamais, (voir mon schéma), et dont nous paraissons occuper le centre. Étant très petits, la terre nous semble très grosse ; on dirait qu'elle remplit toute la base de la voûte céleste, jusqu'aux dernières limites de l'horizon ; mais ce n'est qu'une illusion d'optique, la terre est minuscule, comparée à l'immensité, elle n'est qu'un point imperceptible dans l'Univers sans limites et sans fin de là l'évidence que, vu l'éloignement qui existe entre les étoiles qui sont autant de soleils, il faudrait plusieurs milliers de diamètres terrestres juxtaposés pour combler cette distance. Si, pour une cause quelconque, toutes les étoiles venaient, à choir dans l'espace, aucune d'elles ne rencontrerait la terre si ce n'est le soleil, la lune et les planètes, parce que ces astres étant très rapprochés de notre globe et places sur le plus grand parallèle, tomberaient perpendiculairement sur la terre, à l'écliptique, où se trouve le point d'intersection des deux axes ; c'est à cette particularité qu'ils doivent leurs doubles mouvements apparents ; car la terre tournant tous les jours de l'ouest à l'est, sur un plan incline, l'avance de 4' qu'elle prend quotidiennement sur ce cercle, fait que nous ne pouvons retrouver le soleil et les planètes qu'avec une déviation en sens inverse du mouvement de la sphère céleste ce qui a fait dire aux Coperniciens que les planètes, comme la terre, tournent de l'ouest à l'est, et pour aller d'un angle à l'angle opposé, elles ne peuvent passer que par la ligne d'horizon, qui est la circonférence de la terre, en se profilant sur le ciel des étoiles fixes, c'est ce qui constitue leurs cycles ; puis, quand nous les avons retrouvées, avec un retard plus ou moins grand, suivant leur distance de la terre elles redeviennent tributaires de la rotation diurne ; mais nous ne verrons jamais de planètes dans les régions circumpolaires qui sont hors le plan de la substitution des secteurs terrestres autour de l'axe du monde, que la terre ne quitte jamais : c'est pourquoi les planètes, placées à distance sur cet axe immobile, ne peuvent pas non plus quitter la terre et n'en sont jamais plus éloignées aux points culminants de leurs orbites, que de son insignifiant diamètre ; voila la raison pour laquelle nous ne trouvons jamais de différence appréciable dans le calcul de leur parallaxe, à n'importe quelle période de leurs cycles leur distance absolue étant toujours la même ; seule leur distance relative, qui n'est qu'un effet de perspective, varie d'après le mouvement circulaire de la terre autour du point central qu'elle n'a jamais quitté, et que son avance quotidienne, combinée avec son inclinaison, fait changer de position par rapport à la planète ; c'est cette même inclinaison qui donne a son cercle la forme elliptique, que les planètes reproduisent en apparence, en sens inverse autour de la terre ; car, pour la perspective, un cercle incliné devient une ellipse.

Je crois que cette démonstration est assez nettement définie et ne peut laisser subsister aucun doute dans l'esprit des vrais mathématiciens qui jugeront mes théories sans esprit de parti-pris.

Les planètes sont relativement très près de la terre, et toutes placées sur des plans différents ; plus elles sont rapprochées du point d'intersection des deux axes, plus la déviation quotidienne de la terre provenant de son inclinaison et de son avance sur l'axe, est sensible pour leurs mouvements apparents ; et cela se comprend : plus l'astre erreur que, à n'en pas douter, ils savent existante. Ainsi pour ménager la place des orbites prodigieuses, censément tracées par les planètes, qu'ils mettent, la dernière, Neptune, à 38 fois la distance où nous sommes du soleil, ils se voient obligés de donner une proportion considérable à la sphère armillaire, et de placer les étoiles à des distances incalculables ; comme pour mesurer la parallaxe, même, des plus rapprochées, le diamètre de la terre serait de beaucoup insuffisant, ils ont imaginé de prendre le diamètre du cercle que la terre est censée faire autour du soleil ; mais comme ce cercle est aussi illusoire qu'impossible, vous voyez comme on peut faire créance de leurs calculs, presque tous établis sur des lignes fictives, ces lignes étant matériellement impossibles dans la réalité. Les seuls vrais calculs auxquels on puisse ajouter foi nous viennent des Chaldéens, des Grecs et des Égyptiens. Copernic, lui-même, s'est inspiré de Pythagore. Depuis cette époque, je ne reconnais qu'un astronome : Galilée ! Ce qui me surprend, c'est qu'ayant compris la rotation diurne de la terre, il n'ait pas cherché à quoi attribuer les mouvements planétaires. Cette lacune dans ses travaux astronomiques ne peut être attribuée qu'aux injustes persécutions dont il a été l'objet, et qui l'ont sans doute découragé.

Il faut absolument répudier tous ces tournoiements ridicules des astres les uns autour des autres, qui induisent l'esprit en si grande erreur, et bien se convaincre que tous les corps célestes, comme la terre, tournent sur place, au même point de l'espace qu'ils occupent de toute éternité, et qu'ils ne peuvent pas avoir de satellites. Ce sont toutes ces illusions d'optique et de perspective qui ont faussé le jugement des observateurs et causé la formidable erreur du Système de Copernic, ainsi que celle de tous les systèmes contradictoires qui lui ont été opposés. Les astronomes pourraient au moins en convenir, et feraient preuve d'intelligence en reconnaissant leur méprise qui, en somme, a été celle de leurs prédécesseurs. Une erreur qui s'ignore peut-être considérée comme une vérité et rester intangible ; mais ce n'est pas le cas ici ; car dans tous les milieux où la science se raisonne on est parfaitement convaincu que le Système de Copernic est faux, archi-faux. Le mien est irréfutable ; mes lignes donnent bien tous les phénomènes que nous observons et restent d'accord avec le bon sens et la raison. Lorsque les générations futures en auront reconnu la véracité, elles me sauront gré de l'acharnement que je mets à les sauvegarder pour l'honneur de la science et de la vérité.

La lune, qui est la planète la plus rapprochée de la terre, est soumise aux mêmes lois que ses sœurs de l'espace. Son mouvement circulaire autour de nous, n'est qu'un mouvement apparent ; et le retard d'environ 50 minutes qu'elle prend chaque jour provient de l'inclinaison de la terre, et de son avance quotidienne de 4' sur l'axe du monde. Son écliptique, comme celui du soleil, se trace inversement pour chaque hémisphère, ce qui n'aurait pas lieu si elle tournait en réalité autour de la terre. La corrélation qui existe entre le retard susdit et celui des marées a fait croire longtemps que c'était la lune qui provoquait ce phénomène, tandis que c'est bien le mouvement de la terre, et la déviation de sa rotation diurne. Si le grec Aristote vivait à notre époque, lui qui a cherché toute sa vie la cause de ce mouvement liquide sur notre planète, j'ai tout lieu de croire qu'il serait de mon avis ; mais, de son temps, on croyait la terre immobile, c'est ce qui explique sa perplexité.

Si vous coupez un cercle en deux parties égales, sur chaque arc vous avez une montée et une descente ; que le cercle soit coupé ou non, vous aurez toujours les quatre positions ; voilà pourquoi il y a chaque jour deux marées montantes et deux marées descendantes, et ce mouvement se produit inversement pour chaque hémisphère. En effet, si l'on marche sur la circonférence d'un cercle, en parcourant les 180 premiers degrés, on s'éloigne du point de départ ; mais sur les 180 derniers on s'en rapproche. Si dans la première partie on se dirige de gauche à droite, dans la seconde, on marchera de droite à gauche. En l'occurrence, ce cercle est la circonférence de la terre, inclinée sur l'axe du monde, autour duquel elle tourne chaque jour de l'ouest à l'est ; il y a donc toujours un hémisphère qui marche dans un sens, quand l'autre marche dans le sens opposé, voilà pourquoi le tracé de l'écliptique par le soleil se fait inversement pour chacun d'eux, ce qui nous donne l'augmentation et la diminution simultanées des jours et des nuits pour chaque hémisphère dans la même journée, les dites augmentation et diminution étant produites par l'avance quotidienne de la terre et son inclinaison autour du point central, ce qui par l'immobilité des coordonnées célestes, change continuellement la marche du rayon vecteur sur la terre mobile, et amène la substitution des cônes d'ombre et de lumière pour les deux hémisphères qui ne retrouvent jamais le soleil sous le même angle si ce n'est aux équinoxes où les angles s'égalisent et nous donnent les jours et les nuits d'égale durée pour chaque hémisphère, le soleil occupant le centre de l'ellipse (Voir mon schéma), tandis qu'aux solstices, il y a toujours un hémisphère qui voit l'astre du jour dans le petit foyer de l'ellipse quand l'autre le voit dans le grand, et cela dans la même journée de 24 heures, en raison de la rotation diurne. Puis la marche inverse des secteurs des pôles, dont les uns s'éloignent toujours du soleil quand les autres s'en rapprochent, en passant alternativement dans l'espace de six mois, les uns à droite, les autres à gauche de l'axe du monde qu'ils ne quittent jamais, et qui occupe toujours le centre du cercle qu'ils ont décrit. Enfin les marées contraires, les courants sous-marins, les vents toujours simultanément opposés, etc. Allez donc tabler là-dessus avec Copernic ; car avec son système, les deux hémisphères marchant de pair sur le même arc de cercle, se trouveraient par conséquent ensemble dans le même secteur, de l'espace pour tourner autour du soleil, qu'ils verraient l'un après l'autre dans le même foyer.

On nous dit encore : Le diamètre du soleil augmente du 30 juin au 1er janvier, et diminue du 1er janvier au 30 juin ; alors on en conclut que nous sommes plus près du soleil en hiver qu'en été ; mais quand nous sommes en été, nos antipodes sont en hiver et vice versa. Le diamètre de la terre, quelle que soit son inclinaison, est insignifiant, comparé à la distance où nous sommes de cet astre. Notre planète tournant sur elle-même en vingt-quatre heures, tous ses rayons passent successivement dans le même secteur de l'espace en ce laps de temps. Lorsque le soleil monte à l'horizon pour nous, c'est parce que notre hémisphère s'en rapproche légèrement par le fait de l'inclinaison de la terre et de l'avance qu'elle prend chaque jour autour de l'axe du monde, mais nous n'en sommes réellement plus près que de 46° 54′ terrestres, rapprochement absolument négligeable, comparé à la distance où nous sommes du soleil, tandis que nos antipodes qui s'en éloignent d'autant, le voient se lever plus bas. Chaque lever de soleil pour eux est un coucher pour nous ; donc, en descendant à l'horizon pour notre hémisphère pendant les six derniers mois de l'année, son disque se déforme et paraît plus gros, tout en étant plus éloigné ; tandis qu'en montant à l'horizon pour les autres, il est plus près, mais paraît plus petit, et cela dans la même journée de 24 heures ; c'est un simple effet d'irradiation. Il n'y a pas besoin d'être grand clerc pour expliquer ce phénomène, puisque les angles dans lesquels les deux hémisphères pénètrent chaque jour tendent continuellement à se substituer l'un à l'autre, et à changer, pour chacun d'eux, la marche montante et descendante du soleil, sur les deux arcs opposés du même méridien, jusqu'à concurrence de 46° 54′ alternativement, ce qui explique son changement constant de position dans les foyers de l'ellipse pour chaque hémisphère dans la même journée de 24 heures.

Avec l'ellipse de Copernic autour du soleil, on ne peut pas s'expliquer que, dans la même journée, un des hémisphères voit le soleil dans le petit foyer, quand l'autre le voit dans le grand. Il y aurait donc un hémisphère qui serait en deçà du soleil, quand, quelques heures plus tard, l'autre serait au-delà. Alors il faudrait tourner tous les jours autour du soleil ce qui est matériellement impossible. Cette énormité qui vient s'ajouter à toutes celles que j'ai déjà énumérées précédemment suffirait à elle seule pour renverser tout l'échafaudage du système actuel ; aussi je tiens à la signaler tout particulièrement à l'attention des scientifiques, chercheurs de vérités. Toutes ces constatations, qui tombent sous nos sens, devraient, ce me semble, dessiller les yeux des plus incrédules.

Mes lignes sont aussi logiques que rationnelles ; elles n'entraînent pas la raison dans ce dédale d'impossibilités d'invraisemblance et d'incorrection comme le font celles de Copernic, qui sont purement imaginaires, et ne produiraient aucun des phénomènes que nous observons ; tandis qu'avec mon système, qui nous fait sortir du domaine de l'abstrait et des hypothèses, on voit que tout se fait comme nous le constatons, et avec une remarquable régularité. D'ailleurs mes lignes peuvent être expérimentées, c'est en les mettant en parallèle avec celles de Copernic, que l'on se rendra un compte exact de leur véracité. Il suffirait de faire tourner un globe incliné autour d'un axe immobile, au-dessus duquel se trouverait un point lumineux, représentant le soleil, placé comme je l'indique sur le plus grand parallèle ; puis faire prendre à chaque tour de cette sphère l'avance ou déviation de 4′ que fait la terre autour de l'axe du monde ; c'est ainsi que l'on verrait la marche du rayon vecteur, et comment il se projetterait sur sa surface ; l'expérience serait concluante, tout en n'étant ni coûteuse ni difficile. Il ne faudrait qu'un peu de bonne volonté, et c'est ce qui fait défaut ; pourtant l'idée vaut bien, je crois, la peine d'être élucidée, cela coûterait moins cher que l'édification d'observatoires avec leurs instruments d'optique si onéreux, qui ne servent qu'à créer des brillantes situations à quelques privilégiés, dont la principale fonction consiste à ne rien observer du tout.

Nos ancêtres étaient plus logiques que nous, en prenant la terre pour centre de leur monde visible ; leur grande erreur était de la croire immobile ; mais, d'après les données de la science à cette époque, le Système de Ptolémée était de beaucoup plus rationnel que celui de Copernic. Si la science astronomique est, de nos jours, si généralement négligée, même dans les milieux les plus cultivés, si elle a été rayée des programmes de l'Enseignement supérieur, c'est que d'un accord tacite, on a l'intuition que les théories sur lesquelles elle s'étaye ne sont pas l'expression de la vérité ; c'est bien la plus grande hérésie scientifique que les hommes aient échafaudée jusqu'à nos jours. J'estime qu'en l'occurrence il a fallu un remarquable talent à nos astronomes et la confiance aveugle des savants en leurs élucubrations fantaisistes, pour avoir pu, avec une erreur aussi flagrante, donner le change à la raison depuis plus de trois cents ans.

Si la science ne s'émeut pas de toutes les incorrections que je viens de signaler, que nos astronomes connaissent parfaitement, mais qu'ils passent sous silence, ne voulant pas se déjuger, c'est que l'esprit humain est vraiment frappé de cécité, et encore inapte à saisir la vérité. Ma science astronomique est fondée sur l'observation rigoureuse des phénomènes célestes, le raisonnement, l'analyse et le bon sens ; tout en satisfaisant la raison, mes lignes corroborent tous les phénomènes célestes que nous observons, et ne laissent dans l'esprit aucune perplexité.

Avant de clore ce résumé, je veux encore parler de phénomènes étranges qui entrent plutôt dans le domaine de la physique et de l'histoire naturelle ; mais qui, pourtant, se rattachent si étroitement à l'astronomie, que je crois devoir donner mon appréciation en ce qui les concerne.

L'espace, nous n'en doutons plus, est peuplé d'astres innombrables ; quelques-uns, quoique très rapprochés de la terre, sont placés hors le plan de la rotation des secteurs terrestres, et dans une position telle, que lorsque ce sont des planètes, seul leur hémisphère obscur est tourné de notre côté ; mais par le fait de mouvements secondaires de notre globe, qui nous échappent, et qui se font aussi d'une façon périodique, nous sommes mis inopinément en contact avec la partie éclairée de ces astres, que nous appelons des étoiles temporaires, parce qu'elles ne sont visibles que pendant un temps limité. Ce sont ces mêmes étoiles qui, d'après la position de la terre au moment de leur apparition, reflètent leur lumière sur notre atmosphère, de telle façon qu'il se produit un appendice, simple, double ou triple qui se forme et se déforme pendant la présence de l'astre ; mais ce n'est qu'une réverbération inoffensive, que nous considérons à tort comme une chevelure ou queue. Ces étoiles, que nous prenons pour des corps errants dans notre système, et que nous appelons comètes, sont des astres comme tous les autres, et ne quittent jamais la place qu'ils occupent dans l'Univers. Ce sont les soubresauts de la terre qui les font paraître et disparaître ; mais nous n'avons rien à craindre de leur présence inopinée !

Les étoiles filantes ne sont pas plus à redouter que les comètes ; ces météores ne sont que des rayons lumineux, également produits par des contacts imprévus, dû aux nombreuses trépidations et convulsions de la terre ; la rapidité avec laquelle ils paraissent et disparaissent peut nous donner une idée de l'extrême vitesse de la rotation terrestre.

Les aérolithes seraient des matériaux provenant d'éruptions volcaniques, dans des îles encore inexplorées ou inexplorables ; mais si formidable que soit la projection, elle ne les lancera jamais au-delà de la ligne neutre ; et, en vertu de la force d'attraction, ils retomberont toujours sur la terre, souvent très loin de leur point de départ, en raison de la rotation terrestre, ce qui a fait supposer qu'ils provenaient d'une autre planète. Croyez bien que chaque astre conserve ses éléments, qui ne peuvent pas s'échanger avec ceux dès autres corps célestes, et cela pour des causes physiques multiples que je ne puis pas exposer ici.

Quant aux bolides, il est de toute probabilité que ce sont des agglomérations d'électricité, dues à des causes occultes que la science n'a pas encore définies, ils se produisent de préférence dans les régions tropicales, où l'on entend souvent des détonations dans un ciel sans nuages, après le passage de ces boules de feu.

Tout se transforme dans la nature ; mais rien ne s'anéantit ; c'est l'évolution constante de la matière jusqu'à la consommation des siècles. La mort n'est qu'un changement d'état que l'on redoute, j'en conviens ; mais la vie, âme de la Création, est éternelle. Les astronomes nous disent que si une étoile s'éteignait sa lumière pourrait encore nous parvenir après des milliers d'années. Grave erreur ! Une étoile ne pourrait disparaître sans nuire à l'harmonie du rouage universel. Quand une étoile a disparu, sa visibilité n'est perdue que pour les habitants de la terre. La lumière n'est pas autre chose qu'une manifestation électrique ; c'est pourquoi elle nous vient toujours en ligne droite, et ne connaît ni le temps ni l'espace. Quand on nous dit qu'elle parcourt 300 000 km à la seconde, c'est le temps que mettrait notre rétine pour être impressionnée par un corps lumineux placé à cette distance. Si le corps disparaît, l'image persiste encore quelques courts instants pour notre œil, et tout rentre dans l'obscurité. Il ne faut donc pas que le courant soit interrompu entre le corps éclairant et le corps éclairé, sinon, sans contact, pas de lumière. C'est la raison pour laquelle les régions supérieures sont toujours dans l'obscurité.

Après ces quelques observations personnelles que je donne sous toutes réserves, je vais revenir a mon sujet pour en faire la démonstration écrite, puisque je n'ai jamais pu obtenir de la faire verbalement devant une commission compétente, avec laquelle j'aurais pu discuter.

DÉTAIL EXPLICATIF DU SCHÉMA

Légende : Sphère céleste Grise ; Sphère terrestre Noire

Gris : Coordonnées célestes.

Noir : Coordonnées géographiques.

Recto : Situation de la terre sur l'axe du monde au solstice d'été.

Verso : Situation de la terre sur l'axe du monde au solstice d'hiver Dans chacune de ces situations, toutes les positions de la terre sont renversées, et toujours opposées pour chaque hémisphère sur un angle de 46° 54′ par rapport au soleil.

A – A′ : Axe du monde ou ligne des pôles célestes immobile.

23° – 27′ : Inclinaison de la terre sur l'axe du monde de chaque côté de l'équateur céleste.

P – P′ : Axe de la terre ou ligne des pôles terrestres mobile.

E – O – E′ : Équateur céleste.

T – T′ : Marche des secteurs de l'équateur terrestre autour de l'axe du monde avec leur inclinaison de 23° 27′ sur l'équateur céleste.

S – S′ : Écliptique, ou effet de perspective, formé par la marche apparente du soleil, et provoqué par l'inclinaison et le déplacement elliptique quotidien des secteurs terrestres autour de l'axe du monde. Il coupe l'équateur céleste au point 0.

Pointillé : Lignes des tropiques, limitant les points culminants de la marche apparente du soleil, du solstice d'été au solstice d'hiver.

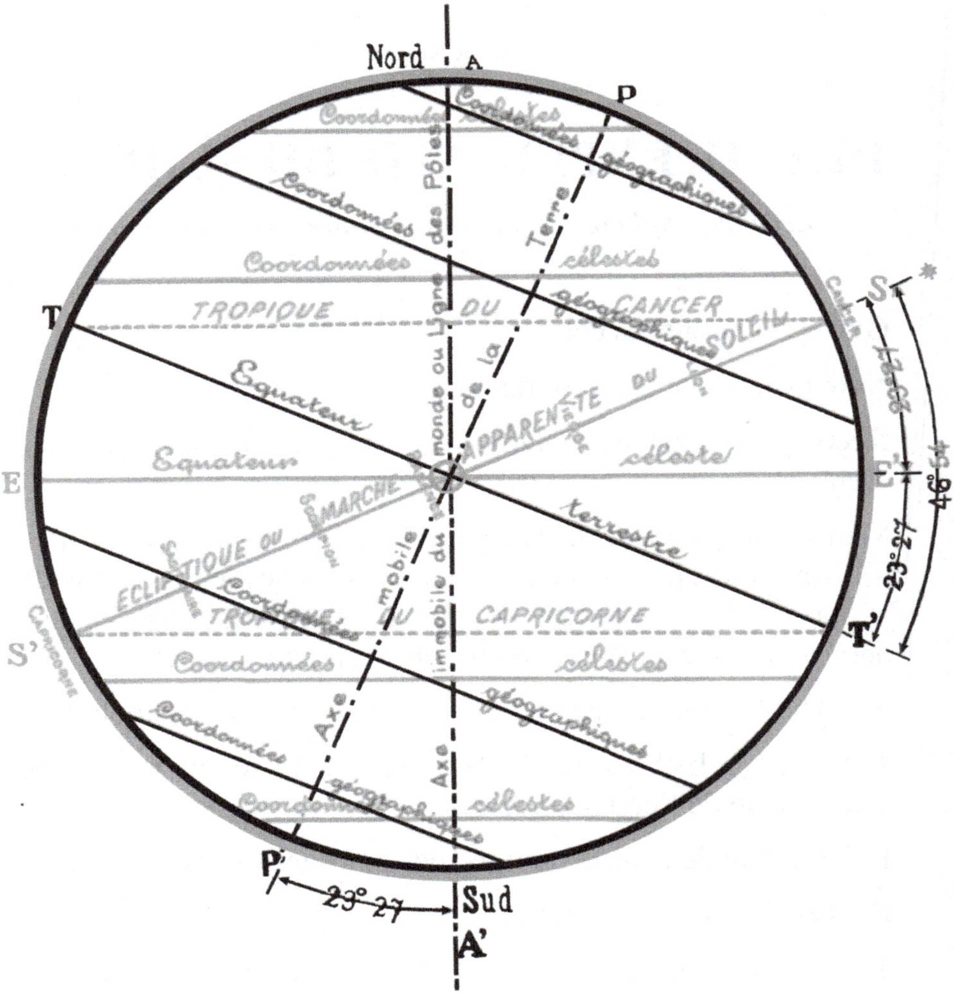

Recto : Situation de la terre sur l'axe du monde au solstice d'été

La sphère terrestre, avec son inclinaison est entièrement encastrée dans la sphère céleste, telle qu'elle se présente à notre rayon visuel, et n'en sort jamais. Si la terre grossissait au point d'en atteindre les parois, comme dans la ligure ci-dessus, toutes les coordonnées géographiques auraient sur les dites parois la présente position. Le soleil, sur cette voûte, n'est pas à l'équateur céleste, mais au Cancer, sur un plan très rapproché de la terre, dont le déplacement elliptique autour de l'axe du monde, par son plan incliné et son avance quotidienne de 4′, lui fait décrire la ligne apparente de l'écliptique, qu'il faut considérer comme l'équateur terrestre.

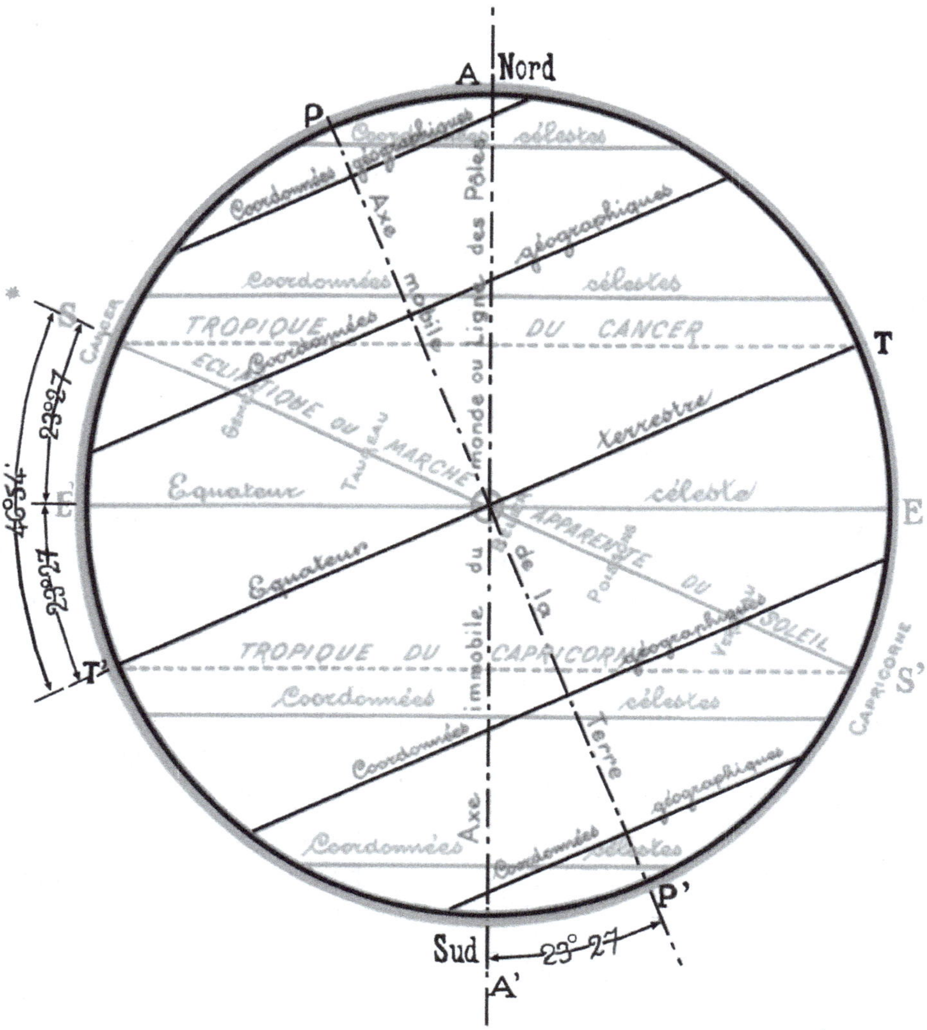

Verso : Situation de la terre sur l'axe du monde au solstice d'hiver

Toutes les positions sont renversées : T s'est substitué à S ; S′ à T′ ; E à E′ ; et E′ à E ; P est passé de la droite à la gauche de l'axe du monde, et P′ de la gauche à la droite. Tous les secteurs de la terre ont décrit une ellipse autour dudit axe en traçant un angle de 46° 54′, les uns pour se rapprocher, les autres pour s'éloigner du soleil, immobile au Cancer. La terre n'a pas quitté l'axe du monde qui passe par son centre, et le soleil, dardant perpendiculairement ses rayons sur cet axe, à l'écliptique, n'a pas quitté la terre ; mais la latitude d'un même lieu a varié de 46° 54′ inversement pour chaque hémisphère, sur l'arc opposé du même méridien, dans l'espace de six mois.

La terre tourne tous les jours de l'ouest à l'est, en 23 h 56 m simultanément autour de son axe et de l'axe du monde, qui se coupent au centre de l'écliptique, qui est le plus grand parallèle, en prenant sur cet axe une avance quotidienne de 4′, ce qui porte le jour solaire à 24 h.

Quand, dans l'espace de six mois, par le fait de cette avance que j'appelle une déviation, à cause de l'inclinaison, la moitié des secteurs de l'équateur terrestre a tracé la diagonale qui va de T′ à T, au verso du schéma, cette diagonale qui représente une ligne oblique sur un planisphère, est en réalité le demi-cercle d'une ellipse autour de l'axe du monde, sur lequel tombent perpendiculairement les rayons solaires à l'écliptique, au Cancer ; par conséquent cet astre qui reste immobile sur cet axe à 23° 27′ de l'équateur céleste, paraît se déplacer par un mouvement elliptique contraire apparent dans les constellations, en sens inverse du trajet que les secteurs de la terre ont parcouru et va de S à S′, en passant du côté opposé de l'axe, c'est-à-dire au recto du schéma, en nous donnant augmentation et la diminution simultanées des jours et des nuits pour chaque hémisphère, suivant le passage desdits secteurs dans les cônes d'ombre et de lumière, dont l'un augmente toujours de la quantité dont l'autre diminue ; et par la substitution des angles des coordonnées de six mois en six mois, toutes les constellations que nous voyions de nuit, nous les voyons de jour quand il y a éclipse, et le contraire se produit pour nos antipodes ; celles qui étaient au levant se trouvent au couchant, et vice versa, voilà pourquoi l'écliptique se trace inversement pour chaque hémisphère, ce qui ne pourrait se produire si nous tournions réellement autour du soleil.

Quand la terre a effectué la moité de sa course annuelle par son avance de 4′ autour de l'axe du monde, elle revient à son point de départ, du côté opposée à celui qu'elle a parcouru, c'est-à-dire de T à T′, au recto du schéma, tous ses secteurs ont bien tracé un cercle, ou plutôt une ellipse autour dudit axe, mais par le fait, ils n'ont décrit qu'un angle de 46° 54′ par rapport au soleil sur chaque arc opposé du même méridien, pour se rapprocher ou s'éloigner de l'astre du jour. (Voir le pointille du schéma)

Tous les secteurs qui étaient en lumière entrent dans l'ombre et vice versa, pour la valeur de cet angle, et le soleil, lui, revient de S′ à S, toujours du côté opposé, suivit par les secteurs de la terre, c'est-a-dire au verso du schéma ; il a donc bien décrit autour de notre globe une ellipse apparente qui est la reproduction exacte de celle que la terre a réellement tracée autour de l'axe du monde, que les deux astres n'ont jamais quitte, ayant toujours entre eux le diamètre de la terre, qui est insignifiant dans l'espace, mais qui sert à délimiter pour ses habitants la longueur des cônes d'ombre et de lumière suivant la projection du radiateur soleil sur les 180° de sa surface.

Quand, durant ce temps, le point P du nord s'est rapproché de 46° 54′ du soleil immobile au Cancer, le point P′ du sud s'en est éloigné d'autant ; puis la terre continuant de tourner chaque jour simultanément autour de son axe et de celui du monde qui passe par son centre, avec une déviation quotidienne de 4′, le pôle nord voit l'astre du jour pendant six mois consécutifs à l'horizon, paraissant tourner autour de lui, tandis que le pôle sud est pendant six mois dans l'obscurité. Cette marche inverse des deux pôles autour de l'axe du monde dans une année explique parfaitement la marche apparente et opposée du soleil avec la même déviation autour de ce même axe ; et toutes les zones, tropicales, tempérées et glaciales ont bien décrit un angle de 46° 54′, les unes pour s'en approcher, les autres pour s'en éloigner simultanément et inversement pour chaque hémisphère. C'est pour cela qu'au solstice d'été nous avons quelques jours de chaleur tropicale, tandis qu'au solstice d'hiver, les mêmes zones ont des froids glacials, ce qui ne peut guère s'expliquer avec le Système de Copernic, qui place le soleil à l'équateur céleste, parallèle à l'équateur terrestre. À ce compte-là, c'est aux équinoxes que nous devrions avoir les plus fortes chaleurs, et des froids modérés aux solstices qui ne seraient éloignés du soleil que 23° 27′ ; mais je continue mes démonstrations.

Quand, en juin, au solstice d'été nous voyons le soleil se lever au Cancer, c'est le coucher pour nos antipodes ; car chaque lever du soleil pour nous est un coucher pour eux ; puis la terre s'avançât toujours de 4′ sur l'axe du monde, son inclinaison fait continuellement varier la position du soleil sur la voûte céleste, aux yeux de ses habitants qui tournent avec elle ; de sorte qu'en juillet, ils le voient se lever au Lion ; en août, à la Vierge ; en septembre, à la Balance ; en octobre, au Scorpion ; en novembre, au Sagittaire ; en décembre, au Capricorne. Puis au verso du schéma : en janvier, au Verseau ; en février, aux Poissons ; en mars, au Bélier ; en avril, au Taureau ; en mai, aux Gémeaux ; et enfin, en juin, au Cancer, son point de départ. Quand de six en six mois, la marche réelle de la terre autour de l'axe du monde, et le mouvement apparent contraire du soleil autour de ce même axe se coupent au point 0, qui est au centre de l'écliptique, où a lieu la rencontre des deux astres, et où se coupent les deux équateurs, avec, toujours entre eux, le diamètre de la terre, les coordonnées célestes et les coordonnées géographiques sont sur le même plan, c'est l'équinoxe du printemps pour l'hémisphère qui se rapproche du soleil, et c'est l'équinoxe d'automne pour celui qui s'en éloigne ; les jours sont égaux aux nuits pour toute la terre ; mais cela ne dure que le temps de le dire ; l'échange des cônes d'ombre et de lumière se continue jusqu'à ce que le mouvement soit arrivé à son point culminant, c'est-a-dire aux solstices ; ensuite, tous les effets se produisent inversement, ce qui a fait dire que la terre incline six mois à droite et six mois à gauche de l'axe du monde. Son inclinaison est bien toujours la même, seuls ses secteurs ont changé de côté et marchent en sens inverse pour revenir à leur point de départ. C'est ce qui explique la formation de l'écliptique en sens opposé pour chaque hémisphère. Vous voyez que pour obtenir ce résultat, point n'est besoin de parcourir les espaces interplanétaires ; l'inclinaison seule de la terre et son avance quotidienne autour de l'axe du monde sur lequel tombent perpendiculairement les rayons solaires au centre de l'écliptique produisent ce phénomène, et nous donne bien l'illusion de tourner autour du soleil sur un plan incliné en formant un angle de 46° 54′. On peut donc dire que sans quitter leur centre de gravité, tous les secteurs terrestres, par leur inclinaison et leur avance quotidienne de 4′ autour de l'axe du monde, tracent dans un jour et dans une année autour dudit axe, l'ellipse que Copernic a fait décrire indûment à la terre autour du soleil. Si je suis dans l'erreur qu'on me le prouve, je n'ai pas demandé autre chose aux astronomes depuis 26 ans passés.

Si au lieu de se laisser vivre, comme ils le font dans un doux farniente, ces faux savants s'étaient rendu compte qu'un cercle réel de la terre autour du soleil était impossible, ils auraient cherché, comme je l'ai fait, quels pouvaient être les mouvements de notre planète, et sa position par rapport au soleil, susceptible de provoquer ce cercle illusoire autour d'elle, au lieu de nous imposer un système aussi absurde que ridicule, qui porte atteinte à toutes les lois physiques et naturelles. Ils ont confondu autour du soleil avec alentour, apparence avec réalité, ce qui, en l'occurrence, est loin d'être la même chose.

Je vais clore cette démonstration en la résumant ainsi :

L'axe mobile de la terre, et par conséquent tous ses secteurs en général, qui sont dans un état de déplacement constant, tournent tous les jours et dans une année autour de l'axe immobile de la sphère céleste, qui tient le milieu du cercle décrit par ses secteurs avec une inclinaison de 23° 27′ de chaque côté de l'équateur céleste. Cette inclinaison, de connexion avec son avance ou déviation quotidienne autour dudit axe, fait que toutes les coordonnées géographiques coupent en biais les coordonnées du ciel, et provoque en sens inverse les mouvements apparents du soleil, de la lune et des planètes placés à l'écliptique, qui est le plus grand parallèle, et assez rapprochés des deux axes pour être compris dans le plan du mouvement, et subir les effets du déplacement continuel des secteurs terrestres autour du point central. Voilà pourquoi, que l'on soit aux pôles ou à l'équateur, les deux polaires, celle du nord et celle du sud, qui correspondent au centre de la terre, où a lieu la rencontre des deux axes et des deux équateurs, occupent toujours le milieu du cercle décrit par les étoiles circumpolaires, qui tournent chaque jour, comme notre planète mais en sens inverse, autour des deux axes, sur un plan incliné. Donc les polaires qui marquent le point où l'axe imaginaire du monde pénètre au sein de la terre, n'indique pas les pôles terrestres qui en sont toujours éloignés de 23° 27′. Et de six mois en six mois leur excentricité qui se fait toujours inversement pour chaque hémisphère n'est que de 1°15′. Puisque la terre prend tous les jours une avance de 4′ sur l'ellipse que font ses secteurs autour de l'axe du monde, on ne peut donc pas assigner aux pôles terrestres un point fixe, déterminé ; étant dans un état de déplacement constant, il faut les chercher au nord comme au sud à 90° de la marche apparente du soleil à l'écliptique, ou, pour plus de compréhension, à 90° du point où le soleil semble se lever pour chaque hémisphère, puisque c'est le point qui marque toujours 0° sur l'équateur terrestre. Voilà pourquoi, en cherchant les pôles à 90° de l'équateur céleste, les explorateurs ne les trouveront jamais. Témoin la gaffe récente d'Amundsen.

Ce n'est pas le soleil qui va aux secteurs, mais les secteurs qui vont au soleil immobile. C'est donc toujours dans le secteur le plus éloigné du soleil à l'écliptique que l'on trouvera le point où est le vrai pôle, éclairé pendant six mois, obscur pendant six autres mois, alternativement et inversement pour chaque hémisphère. Les pôles sont donc toujours très froids, même pendant la saison estivale, où ils ne reçoivent que les pâles et obliques rayons d'un lointain soleil. Tous les secteurs des régions polaires y passent successivement, pour n'y revenir à tour de rôle qu'au bout de 365 j 1/4, après avoir décrit un angle de 46° 54′ par rapport au soleil. Cet empiétement des zones les unes sur les autres, pour la valeur de cet angle, change constamment la latitude d'un même lieu, en plus ou en moins, de six mois en six mois, pour chaque hémisphère, jusqu'à concurrence de 46° 54′. Ainsi le point qui, en décembre, se trouvait a 90° du soleil et qui marquait le pôle nord, ne s'y trouve en juin qu'à 43° 06′, ce n'est donc plus le pôle, il a été remplacé par celui qui lui était opposé six mois auparavant, et les effets se produisent inversement pour chaque hémisphère ; il en est de même pour tous les secteurs de la terre. Ainsi le point qui est, en juin, à 0° sous le soleil à l'écliptique, au Cancer, en sera éloigné de 46° 54′ six mois plus tard quand il sera au Capricorne, lequel l'aura remplacé au Cancer, où le soleil reste immobile. L'on voit que tous les signes du zodiaque passent successivement à ce point 0° de l'équateur terrestre, et que pour la perspective le soleil trace la ligne de l'écliptique de connexion avec la rotation diurne. C'est pourquoi je dis qu'il faut toujours chercher le pôle terrestre à 90° de la marche apparente du soleil sur l'écliptique au nord comme au sud. La latitude n'est identique pour les deux hémisphères qu'aux équinoxes, quand le soleil est au Bélier ou à la Balance, parce que, en ce moment, toutes les coordonnées terrestres et célestes sont sur le même plan. Je prie M. le Président de la Société de Géographie, 184, Boulevard Saint-Germain à Paris de prendre bonne note de ces renseignements, et d'en informer les explorateurs qui voudraient encore s'aventurer à la recherche du vrai pôle. Quand la mission Amundsen a entrepris son expédition, le soleil était aux Gémeaux ; donc elle était très éloignée du vrai pôle, et volait en pleine zone tempérée, alors que nous commencions à empiéter sur la zone tropicale, puisque du pôle à l'équateur chaque zone ne comprend que 30° ; aussi je comprends que la mission n'ait pas été incommodée par le froid. Amundsen est un Norvégien ; les confins nord de la Norvège ne sont pas très éloignés du Spitzberg ; il avait donc bien choisi son époque pour faire son expédition qui, certainement, a sa valeur au point de vue sportif ; mais qui est nulle au point de vue scientifique. Au Spitzberg, il a faussé sa direction en coupant les méridiens par longitude Est, tout en obliquant vers le sud pour atterrir à Alaska ; il n'a donc pas pu survoler le pôle. J'aurais compris cette expédition s'il eût fait le tour de la terre en suivant un méridien quelconque, toujours le même, puisqu'ils passent tous par les pôles, et qu'il fût revenu à son point de départ ; autrement ces randonnées partielles n'ont pas leur raison d'être ; car l'on sait depuis longtemps que les régions polaires sont abruptes, stériles et désolées, ce n'est donc pas de sitôt que l'on pourra doubler les vrais pôles, même en avion, en raison des nombreuses difficultés matérielles que les hommes ne parviendront sans doute jamais à surmonter.

autour du soleil

DEUXIÈME PARTIE

Ma résidence actuelle est à Cluny (Saône-et-Loire) où je suis née le 21 Janvier 1850. Étant arrivée à la sénilité, et la mort pouvant me surprendre d'un jour à l'autre, je ne veux pas emporter dans la tombe le secret de mes lignes ; et puisque j'ai réclamé en vain le concours des astronomes, qui ont toujours fait la sourde oreille a mes appels réitérés, se sentant, à n'en pas douter, dans l'impossibilité d'opposer une théorie acceptable à la logique de mes objections, je m'adresse aujourd'hui aux savants indépendants, chercheurs de vérités, aux présidents de sociétés savantes, aux doyens de facultés, hommes de savoir et d'expérience, aux chefs d'État qui doivent être soucieux de la valeur intellectuelle de leurs peuples, aux anti-coperniciens qui, comme moi, sont choqués de l'incorrection du système actuel ; je pourrais, à leur requête, avec un petit appareil de fortune que j'ai imaginé, faire passer sous leurs yeux la formation des lignes que je voudrais soumettre à leur savante appréciation. Ils auraient peut-être plus d'autorité que moi, (en me servant d'une phrase de M. Léon Daudet qui rend bien la pensée), *pour faire connaître les erreurs consignées dans des traités d'aspect sérieux, couronnés par les Académies, mais déjà universellement considérés comme des calembredaines.* Ce n'est pas sans raison qu'on les a retranchés des programmes de l'Enseignement supérieur.

Quant à moi, je n'ai plus rien à espérer après plus d'un quart de siècle de luttes incessantes. Je tiens seulement à signaler dans ce petit opuscule la conduite incorrecte et malveillante dont j'ai été l'objet de la part de ceux qui se parent du titre pompeux d'astronome, et qui ne sont pour la plupart que des plagiaires ignorants et présomptueux qui redoutent la lumière, comme tous les oiseaux de nuit.

J'ai passé les premières années de ma vie au sein des splendides beautés de la nature. Dès mon âge le plus tendre, j'ai senti en mon âme une vocation très prononcée pour l'Astronomie. Toute enfant, dans la propriété de mes parents, je m'attardais, le soir, des heures entières à regarder le ciel, que je trouvais si majestueusement paré, avec ses lucioles brillantes et mystérieuses. Plus tard sur les bancs de l'école, j'éprouvais un réel plaisir à suivre les cours de cosmographie ; et déjà je pressentais que les données sur lesquelles s'étaye le Système de Copernic n'étaient par l'expression de la vérité ; mais je ne cherchais pas encore à comprendre autre chose que ce que l'on nous enseignait. Puis la vie s'empara de moi, avec ses nombreux devoirs professionnels et autres ; mes années de jeunesse furent entièrement consacrées aux rigoureux devoirs d'épouse et de mère. Ce n'est qu'en 1901, après mon veuvage et l'établissement de mes six enfants, que je pus consacrer mes rares heures de repos à ma passion astronomique. Je ne fus pas longue à trouver l'erreur ; mais la faire reconnaître était là, la vraie difficulté, j'avoue qu'au début de mes travaux, tout en concevant très nettement l'idée que j'émets aujourd'hui, je sentais que je l'expliquais mal, d'une façon trop vague, trop floue, sans lignes géométriques, ce qui pouvait laisser subsister une certaine méfiance dans les esprits préconçus. C'est alors que je réclamais le concours des astronomes, les suppliant, pour l'amour de la vérité, de m'aider de leur savoir, de leurs lumières, de leur expérience ; sans songer, dans ma candeur naïve, avec la foi que j'avais dans la science et dans ceux qui s'en disent les dépositaires, que je me livrais non seulement à mes pires ennemis, mais à ceux de la science et du progrès, qui auraient révélé leur incompétence, pour ne pas dire leur incapacité notoire en matière d'astronomie. Que ces hommes vénaux et sans conscience n'ont pas d'autre souci que celui de conserver leurs mirifiques sinécures ; ils se seraient bien donné garde de rénover un système qui leur procure, sans la moindre peine, de si précieux avantages.

C'est à la fin de l'année 1901 que je présentais à M. Flammarion, grand maître de céans, un spécimen de ma première *"Réfutation du Système de Copernic"*, en le priant de le communiquer à la Société Astronomique de France. Mon système, quoique présenté à cette époque d'une façon très élémentaire, avait paru l'intéresser ; il avait trouvé l'idée ingénieuse, et m'avait promis de l'étudier, en me donnant l'assurance de me faire connaître son appréciation, ce qu'il n'a jamais fait, malgré mes pressantes sollicitations. Toutefois, pour me donner une légère compensation, il proposa mon admission à la Société Astronomique ; c'est lui qui me servit de parrain avec M. Henri Poincaré, président de cette société. On pensait sans doute que je me contenterais de cette distinction honorifique ; mais j'étais trop sûre de mes lignes et de l'erreur que je combattais. N'ayant travaille que pour la science et la vérité. J'ai demandé, par écrit, à faire mes démonstrations en séance astronomique, les hommes et le lieu étant bien choisis en l'occurrence ; il ne m'a été fait aucune réponse ; et quand j'ai prié M. Flammarion de faire insérer au Bulletin Astronomique un extrait de ma *"Réfutation"*, il m'a fait savoir par son secrétaire particulier, M. Touchet, que le comité de rédaction s'y opposait, en me donnant pour raison que l'on ne pouvait plus toucher au Système de Copernic scellé et reconnu exact depuis plus trois cents ans. Comme si le temps était pour quelque chose dans la balance, quand il s'agit de rectifier une erreur aussi flagrante que celle qui frappe l'esprit quand on veut se donner la peine d'approfondir l'extravagance de ce système. N'avait-on pas attendu quatorze siècles avant de renverser celui de Ptolémée qui, selon moi, était bien plus acceptable. Entre temps, le président de la Société Astronomique, M. Henri Poincaré, à qui j'avais livré par écrit le secret de mes lignes, qu'il avait fort bien comprises, en lui demandant la faveur de les discuter verbalement avec, lui, refusait obstinément de me recevoir.

Alors j'ai commencé à comprendre que les pontifes d'Uranie ne voulaient pas se déjuger ; et, en perdant leur prestige se voir chasser du temple sacré où ils trônent en maîtres en toute quiétude et sans contrôle. J'ai acquis la conviction que la Société Astronomique de France, décrétée cependant d'utilité publique, reste indifférente à toute question vraiment sérieuse qui n'émane pas de ses membres militants, et que tout le profit des cotisations est attribue à ses organisateurs, à ses hommes d'équipe, qui se gardent bien de travailler à la recherche de la vérité qui s'impose ; aussi je m'en suis retirée, après en avoir fait partie de 1901 à 1904.

C'est alors que désabusée, découragée, comprenant l'impossibilité de soutenir cette lutte titanique sans autres armes que la vérité et la sincérité de mes convictions ; qu'il me serait impossible de trancher d'un seul coup toutes les têtes de l'Hydre astronomique ; que le mensonge avec ses travestissements et ses formes multiples de charlatanisme, réussirait bien mieux que ma foi sincère et ma modeste franchise à capter la confiance loyale de ceux qui n'ont ni le temps ni la vocation de regarder le ciel. J'avais pris le parti de laisser tomber ma découverte dans l'oubli, comme tant d'œuvres géniales qui, pour les mêmes causes, ont eu le même sort ; et pendant cinq ans, je vivais de mes rancœurs, dans cette disposition d'esprit qui annihile toute force et tout courage lorsque parut dans le *Lyon Républicain* du 26 Juin 1909 à la page littéraire, un article intitule : *"Vie à Paris"* et signé : *Parisis*. Cet article, que j'ai conserve, avait été écrit pour mentionner une fête donnée par les astronomes à la tour Eiffel, à l'occasion du solstice d'été, et se terminait par cette attestation renversante, après les procédés ci-devant signalés à mon égard :

« Aujourd'hui, on a des doutes sur le Système de Copernic ou de Galilée. Un savant moderne, l'académicien Poincaré, premier élu ou non, a déclaré que l'on n'avait pas de preuves mathématiques du mouvement de la terre. Cela ne veut pas dire que l'Inquisition ait eu raison, et que Galilée ait mérité sa condamnation. Notre éminent savant a voulu simplement dire que la rotation de la terre autour du soleil n'était pas démontrée scientifiquement, et que l'on usait d'une hypothèse sans doute vraisemblable, mais qui n'est pas vérifiée, pour expliquer un phénomène qui est encore dans le domaine de l'inconnaissable. »

C'était un ballon d'essai, un acheminement vers mon système. Quel était l'auteur de cet article, signe *Parisis*, je l'ignore, ayant eu l'imprudence d'adresser mes théories à tous les grands magnats de l'Astronomie. Par leur mutisme obstiné, j'ai compris qu'ils ne voulaient à aucun prix d'une immixtion féminine pour contrôler leurs nombreuses erreurs. Après mon long silence, on pouvait me croire *ad patres* et l'idée que j'avais émise, reconnue vraie, restait acquise à la Société Astronomique, qui pouvait en attribuer la paternité à l'un de ses membres les plus éminents. L'indélicatesse de ce procédé me fit sortir de ma torpeur. Ne voulant pas qu'un imposteur, quel qu'il soit, puisse s'attribuer le fruit de mes travaux, de mes efforts, de mes sacrifices pécuniaires et autres, je fis, illico, imprimer une nouvelle "*Réfutation*", beaucoup plus travaillée que les précédentes et j'en envoyai un spécimen à tous les membres marquants de la Société Astronomique, en signalant la date, l'origine de mes découvertes et l'indifférence dont elles avaient été l'objet de la part des grands maîtres contemporains de l'Astronomie moderne. Immédiatement après, M. Henri Poincaré se rétractait ; je l'appris de M. Flammarion lui-même, qui mit le document sous mes yeux, et d'après lequel il concluait que sa pensée avait été mal interprétée. Depuis ce moment le nom et l'adresse des sociétaires ne parurent plus au Bulletin astronomique, dans la crainte, sans doute, que je me misse en rapport avec les plus influents d'entre eux. En effet, depuis cette époque, tous les démarchés que j'ai faites auprès des Sociétés Savantes ont été infructueuses ; depuis le N° 28 de la rue Serpente, jusqu'au N° 7 de la rue Ségur, où s'impriment exclusivement tous les documents qui on trait à l'Astronomie, il m'a été impossible de me procurer le moindre renseignement ; mais j'ai su indirectement que l'étude de la science astronomique avait été rayée des programmes de l'Enseignement supérieur. Preuve, évidente qu'on la sait fausse ; les C. Q. F. D. étant trop difficiles à expliquer avec les lignes abracadabrantes de Copernic.

La crainte commençait à donner de l'inquiétude, il fallait absolument faire le silence autour de mon nom et isoler l'Astronomie des autres sciences, de façon à en faire, (pour me servir d'une métaphore qui rend bien la pensée) une île escarpée et sans bord, donc inexplorable, où ses grands magnats pourraient régner en maîtres absolus, et faire, sur une grande échelle l'élevage des couleuvres, que, sans vergogne, ils expédieraient à leur gré sur l'autre rive, certains qu'elles y seraient toujours bien accueillies ; et, de la sorte, tenir à jamais la Vérité prisonnière, cadenassée au fond de son puits. Mais je ne me laissai pas décourager ; et, comme les soldats héroïques, je restai sur la brèche, sans crainte des balles ennemies, n'ayant pas même l'aide morale des miens qui, témoins depuis vingt ans de l'inanité de mes efforts, et du peu d'engouement que l'on a aujourd'hui pour la science astronomique que l'on sait fausse, me voient avec peine, dans ma situation déjà si précaire, dépenser mon temps, ma santé et mon argent en pure perte. Je me sentais seule, bien seule ! et sans moyen d'action, puisque sans fortune. Mais n'importe ! quelle que soit ma détresse et les épreuves qui me sont encore réservées, aucun sacrifice ne me coûtera pour assurer le triomphe de la vérité !

J'ai de nouveau travaillé sans relâche, afin de rendre mon idée plus nette, plus explicite, en un mot plus scientifique, en la matérialisant avec, des lignes géométriques dont j'ai acquis la possession parfaite, et que je puis vulgariser sans crainte, sachant bien que l'on sera obligé d'en reconnaître la logique dans un temps plus ou moins long, à la confusion des astronomes qui s'en sont si indignement désintéressés. A part M. Flammarion, qui a toujours été avec moi d'une correction parfaite, mais qui n'a pas eu le courage de se déjuger, aucun des grands maîtres de l'Astronomie moderne auquel je me suis adressée, n'a voulu m'accorder l'audience que je sollicitais. Presque toutes mes lettres, dont beaucoup recommandées et accompagnées de timbres, pour ne pas obliger ces messieurs à des frais de correspondance, sont demeurées sans réponse. En leur demandant une audience, je prenais tous les frais à ma charge : déplacements, voyages, impressions, etc. II y avait donc réellement parti-pris, mauvaise volonté. Un de nos plus grands imprimeurs parisiens m'avoua franchement que, combattant la science officielle, je ne trouverai pas d'éditeurs ; et, en effet, je n'en ai pas trouvé ; toutes mes brochures, sous différentes rubriques, ont été éditées à mes frais, et presque toutes cordialement offertes.

Plusieurs sociétés savantes m'ont fait des propositions pour faire partie de leur corporation, entre autres, la Société Philotechnique. Quelques-uns de ses membres les plus distingués n'ont pas craint de se déranger pour venir écouter mes démonstrations chez leur sympathique président, M. Pâté. Tout en reconnaissant la logique de mes lignes, ils m'ont avoué leur incompétence en la matière, en me faisant observer que, seule, la Société Astronomique de France avait caractère pour juger mon travail, et vous voyez comment :

Par un silence aussi éloquent que significatif, qui ne peut trouver son excuse que dans la crainte où sont nos astronomes d'être obligés de remanier et corriger toute la cosmographie du Système de Copernic ce qui, en s'aidant de mes théories, ne serait pas un travail bien difficile.

En désespoir de cause, et ne voulant rien négliger avant d'asseoir réellement mes convictions au sujet de l'hostilité dont je me sentais l'objet. J'envoyai ma dernière brochure, sous pli cacheté et recommandé, à M. le Secrétaire perpétuel de l'Institut de France, section astronomique. Ce pli a été accepté et classé sous le N° 9346, par délibération de l'Académie des Sciences, du 24 Mars 1924. D'après un paragraphe spécial des statuts, il est dit :

« L'auteur d'un pli cacheté peut en demander l'ouverture. Cette demande doit être écrite et signée par lui. Le pli est ouvert en séance par le Bureau qui, après avoir pris connaissance de son contenu et l'avoir soumis, s'il y a lieu, à l'examen d'une commission compétente, propose à l'Académie l'insertion dans ses publications, de tout ou partie du document ou simplement son classement dans les archives. Mention en est faite au procès-verbal de la séance et au registre spécial. »

Étant venue passer à Paris l'hiver 1924–925, j'ai demandé, dans les formes exigées, l'ouverture du pli que j'avais adressé en mars 1924, en priant M. le Secrétaire perpétuel de la Section astronomique, de vouloir bien me recevoir, pour que je puisse lui faire préalablement mes démonstrations ; mais, comme d'habitude, je n'ai reçu aucune réponse ; et, à l'heure actuelle, j'ignore absolument, de quelle façon mon Système a été accueilli et examiné. Il me semble cependant que l'intéressé devrait être le premier à connaître la décision de la Commission ; ou alors, quel cas peut-on faire des comptes rendus de l'Institut de France, si c'est ainsi qu'il juge les documents qui lui sont confiés, et surtout des documents de cette importance au point de vue scientifique. Dorénavant, je ne m'adresserai plus aux astronomes, tous solidairement unis pour tromper la bonne foi de leurs semblables. Je les laisse à leur valeur intrinsèque que j'ai bien eu le temps d'apprécier ; mais avant de disparaître à jamais, j'ai voulu me donner la satisfaction de faire connaître à mes contemporains la campagne sournoise et déloyale au sein de laquelle j'ai lutté, impuissante, pendant si longtemps, contre tous ces mercenaires, ennemis avérés de la science et du progrès.

Je n'en peux plus douter, la mauvaise volonté est patente ; il y a un mot d'ordre, une entente générale pour éviter toute discussion d'où pourrait jaillir la lumière que l'on redoute. Devant ma ténacité si légitime, on ne m'oppose que la force d'inertie, qui est bien la plus terrible. Il ne faut me donner d'armes ni pour ni contre. Aussi c'est dans un profond sentiment d'indignation que je signale tous ces faux savants à la vindicte publique, car leur responsabilité est grande devant la science, devant l'humanité ; et pour les condamner, ma diatribe ne sera jamais ni trop violente ni trop sévère. La science astronomique, par ma voix, jette son cri de détresse aux quatre points cardinaux pour être entendu de toute la terre, et ce cri se résume tout entier dans ces mots accusateurs : Erreur ! Mensonge ! Mystification ! Imposture !

Je fais appel à tous les intellectuels, et je leur dis : Les astronomes nous trompent sciemment. La terre, pas plus que les autres planètes, ne pourrait tourner autour du soleil sans perdre son centre de gravité. Tous ces astres évoluent sous l'action de ce puissant radiateur au point de l'espace où il les maintient de toute éternité. On aura la preuve de ce que j'avance, le jour où l'on voudra expérimenter les lignes géométriques que j'ai découvertes, et que je lègue à la postérité. Avec leurs connaissances techniques, les savants, les marins, les explorateurs pourront corriger les trop nombreuses erreurs auxquelles a donné lieu l'application du Système de Copernic ; tandis qu'avec le mien, il n'y aurait plus ni surprise ni méprise ; en graduant chaque jour sur les méridiens les différences de latitude d'un même lieu, en plus ou en moins pour chaque hémisphère, de six mois en six mois, jusqu'à concurrence de 46° 54′, ce qui donne 16′ par jour en chiffres ronds, on saurait toujours à quelle distance l'on se trouverait des pôles et de l'équateur terrestre qui, par la marche oblique des secteurs terrestres autour de l'axe du monde, sont dans un état de déplacement constant.

Ce travail simplifierait extraordinairement les calculs d'orientation auxquels donnent lieu les voyages au long cours et les grandes expéditions pour l'exploration de notre globe. La Société de Géographie qui possède tous les éléments qui me font défaut pour expérimenter mon Système, serait toute désignée pour donner satisfaction à ceux qui travaillent à la recherche de la vérité qui s'impose absolument dans notre siècle de lumière et de progrès, je sais d'avance que les résultats seront concluants.

Dès lors l'Astronomie, devenue une science exacte, reprendra, dans nos écoles, la place qu'elle a perdue ; son admirable synthèse sera à la portée de toutes les intelligences ; on l'aimera parce qu'on la comprendra.

J'ai planté les premiers jalons, donné le premier coup de bélier dans le château branlant des astronomes, et dans la forteresse qu'ils croient avoir si solidement édifiée, en attendant que les générations futures achèvent l'œuvre que j'ai si péniblement commencée.

V[VE] PIERREL.

Cluny, le 5 Août 1926

Ces titres sont disponibles sur notre site internet

www. editionslibellio.com

- ❒ **Relation d'un voyage du pôle arctique au pôle antarctique par le centre du monde** – Auteur Inconnu
- ❒ **Bêtes, Hommes et Dieux** – Ossendowski Ferdinand
- ❒ **La clef hiéroglyphique des arcanes** – Emanuel Swedenborg
- ❒ **La Sagesse Angélique sur le Divin Amour** – Emanuel Swedenborg
- ❒ **La race future** – Bulwer Lytton
- ❒ **Le Dieu qui fume ou le voyage vers la Terre Creuse** – Emerson Willis George
- ❒ **Les vies succesives** – Albert de Rochas
- ❒ **La lévitation du corps humain** – Albert de Rochas
- ❒ **L'Illumination du Monde : La Terre est Plate** – John George Abizaid

Et bien d'autres à venir…

LIBELLIO

contact : libellioeditions@gmail.com

Site internet : www.editionslibellio.com

Dépôt légal : 2019

ISBN :978-84-120880-8-3

LIBELLIO 2019 ®

Made in the USA
Monee, IL
04 November 2026

67377470R00036